看见星星

假如没有太阳

张文杰 / 著
张子谦　黄沐晨 / 绘

上海交通大学出版社
SHANGHAI JIAO TONG UNIVERSITY PRESS

内容提要

  本套丛书是面向幼儿的天文学科普系列读物，包括三个绘本：《假如没有太阳》《俏皮兔追月亮》《地球与大力怪》。丛书通过构设两只小兔奇思怪想、猎奇探险、增长知识、成长进步的有趣故事，介绍了天文学基本常识和简单概念。内容紧贴低幼段孩子的理解能力和认知水平。语言浅显易懂，画面色彩鲜艳，图意趣味盎然，这些设计可使小读者和家长在阅览时产生共鸣，并在潜移默化中学习，从而激发孩子对宇宙天文的兴趣。

图书在版编目（CIP）数据

假如没有太阳 / 张文杰著. — 上海：上海交通大
学出版社，2025.5. —（看见星星）. — ISBN 978-7
-313-32238-8

Ⅰ. P182-49

中国国家版本馆CIP数据核字第2025WV9651号

看见星星：假如没有太阳
KANJIAN XINGXING: JIARU MEIYOU TAIYANG

著　　者：	张文杰		绘　　画：	张子谦　黄沐晨
出版发行：	上海交通大学出版社		地　　址：	上海市番禺路951号
邮政编码：	200030		电　　话：	021-64071208
印　　制：	上海锦佳印刷有限公司		经　　销：	全国新华书店
开　　本：	890mm×1240mm　1/16		总 印 张：	6.75
总 字 数：	72千字			
版　　次：	2025年5月第1版		印　　次：	2025年5月第1次印刷
书　　号：	ISBN 978-7-313-32238-8		音像书号：	ISBN 978-7-88941-704-4
定　　价：	129.00元			

前　言

为孩子打开通往宇宙奥秘的大门 ★

　　在浩瀚无垠的宇宙中，每一颗星辰都承载着丰富的故事与奥秘，而人类对宇宙的探索，自古以来便是智慧与梦想的交织。我创作这套《看见星星》系列绘本，就是想以独特的创意、生动的情节和丰富的知识，为孩子们打开一扇通往宇宙奥秘的大门。

　　这套绘本以 3 至 6 岁的幼儿为主要读者群体，精心设计了三个引人入胜的故事：《假如没有太阳》《俏皮兔追月亮》《地球与大力怪》，这些故事围绕两只活泼可爱的小兔展开。两只小兔带着对世界的好奇与探索的热情，踏上了一段段奇妙的旅程。通过这些故事，孩子们不仅能够了解到太阳、月亮和地球这三个最应该知道的天体的基本知识，初识宇宙天文，还能在潜移默化中学习到天文学的基本常识和简单概念。

　　这套绘本以孩子们易于理解和接受的语言方式，将复杂的天文知识转化为一个个生动有趣的小故事。每一个情节都设计得巧妙而富有想象力，让孩子们在阅读的过程中，仿佛身临其境，与小兔们一同探险、一同成长。同时，书中色彩鲜艳的画面和生动有趣的图意，更是为孩子们带来了视觉上的盛宴，让他们在阅读中感受到无限的乐趣。

　　这套绘本适合幼儿教育机构作为科学教材，不仅可以助力幼儿科普教育，更能激发孩子们的好奇心和探索欲。它告诉我们，科学并不遥远，也不枯燥，它就在我们身边，以我们最熟悉、最

这是小松鼠当当的家，当当是毛毛和嘟嘟的好朋友。当当最爱和朋友一起玩耍打闹，可一到冬天，他就总是宅在家里不出门，谁来叫他也没有用。

这是熊先生家的门牌，上面是他自己的爪印。熊先生长得高大威猛，但其实性格很温和，平时最喜欢的事就是躲在洞穴里呼呼大睡。

这是一条凶猛的大蛇。没有人知道他的名字，只知道惹恼他可没有好果子吃。传说森林中已有很多动物领教过他锋利的牙齿了。

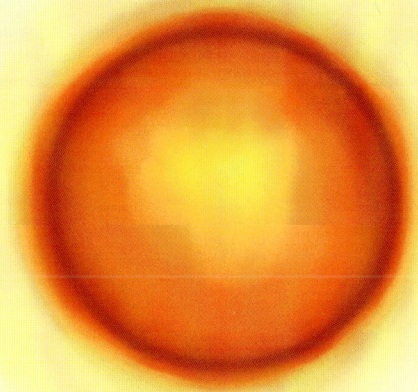

没有太阳光世界一片漆黑，

小白兔嘟嘟能看见小黑兔毛毛吗？

没有太阳热地球全是冰雪，

小黑兔毛毛能找到小白兔嘟嘟吗？

偷懒的小白兔晒红了屁股，

是太阳对他的惩罚吗？

再也没有比嘟嘟更傻的兔子了，

他说要到天上找太阳，

太阳可不像外婆家那么近，

哪一天能到达……

夏日炎炎，两只小兔子在拔萝卜。阳光下，胡萝卜长得特别快。

"今天要把地里的胡萝卜全拔出来！"毛毛指着遍地的萝卜说道。

"这么多！"嘟嘟刚拔了两个就小声嘟囔："太阳这么晒，啥时候才能拔完嘛……"

没一会儿，嘟嘟就悄悄溜到一个超级大萝卜下，偷起了懒。

嘟嘟把小小的脑袋藏在大大的萝卜缨下，终于晒不到太阳了。

"唉，要是没有太阳就好了……"这么想着，嘟嘟闭上眼睛，慢慢进入了梦乡……

不知过了多久，嘟嘟睁开眼……
"呀！周围怎么黑漆漆的！"

"毛毛！毛毛！"嘟嘟害怕地哭起来。

"你为什么哭呀？"一个声音传来。

"我的姐姐是只小黑兔，这里太黑了，根本看不见她！"
嘟嘟边哭边答道。

"没有太阳就没有光呀，是你说不要太阳的。"那个声
音说道。

"那我只要太阳的光，不要太阳。"嘟嘟擦了擦眼泪说。

突然，世界亮了。

可是，四周大雪纷飞，白绒绒的嘟嘟和白茫茫的大地
融为一体。

"不行，这样毛毛根本看不见我！"

嘟嘟有些着急，决定自己去找毛毛。

不知走了多远，嘟嘟还是没看见毛毛的踪影。

嘟嘟又累又冷，蜷缩在雪地里，可怜极了。

"这里太冷了，我快要被冻僵了，呜……呜……"嘟嘟一边哆嗦一边哭。

"没有太阳就是这样呀，到处都是冷冰冰的。"那个神秘声音再次出现。

"唉，那把太阳的热也给你吧。"

一瞬间就不冷了，嘟嘟继续出发找毛毛。

走着走着，到了好朋友小松鼠当当的家。

"当当，当当，你在家吗？"嘟嘟大声喊。

"奇怪，当当不在家吗？"嘟嘟有些疑惑，"我记得天冷的时候，他从来不出门的呀！"

"算了，再去别处找找吧。"嘟嘟离开了小松鼠的家，继续寻找毛毛。

"呼噜噜——呼噜噜——"

谁的呼噜声这么大？嘟嘟循着声音走去……

哦，是熊先生的山洞！

"听这声音，熊先生睡得很香呀。看来，他也帮不上忙了。"

嘟嘟摇摇头离开了。

嘟嘟一直走啊走。

突然，雪地上一个不起眼的洞吸引了嘟嘟的注意。

"这个洞口的大小和我差不多嘛，说不定正是毛毛挖的呢！"

嘟嘟兴奋地想到，立刻撅着屁股往洞里钻。

嘟嘟一口气钻到洞的尽头，

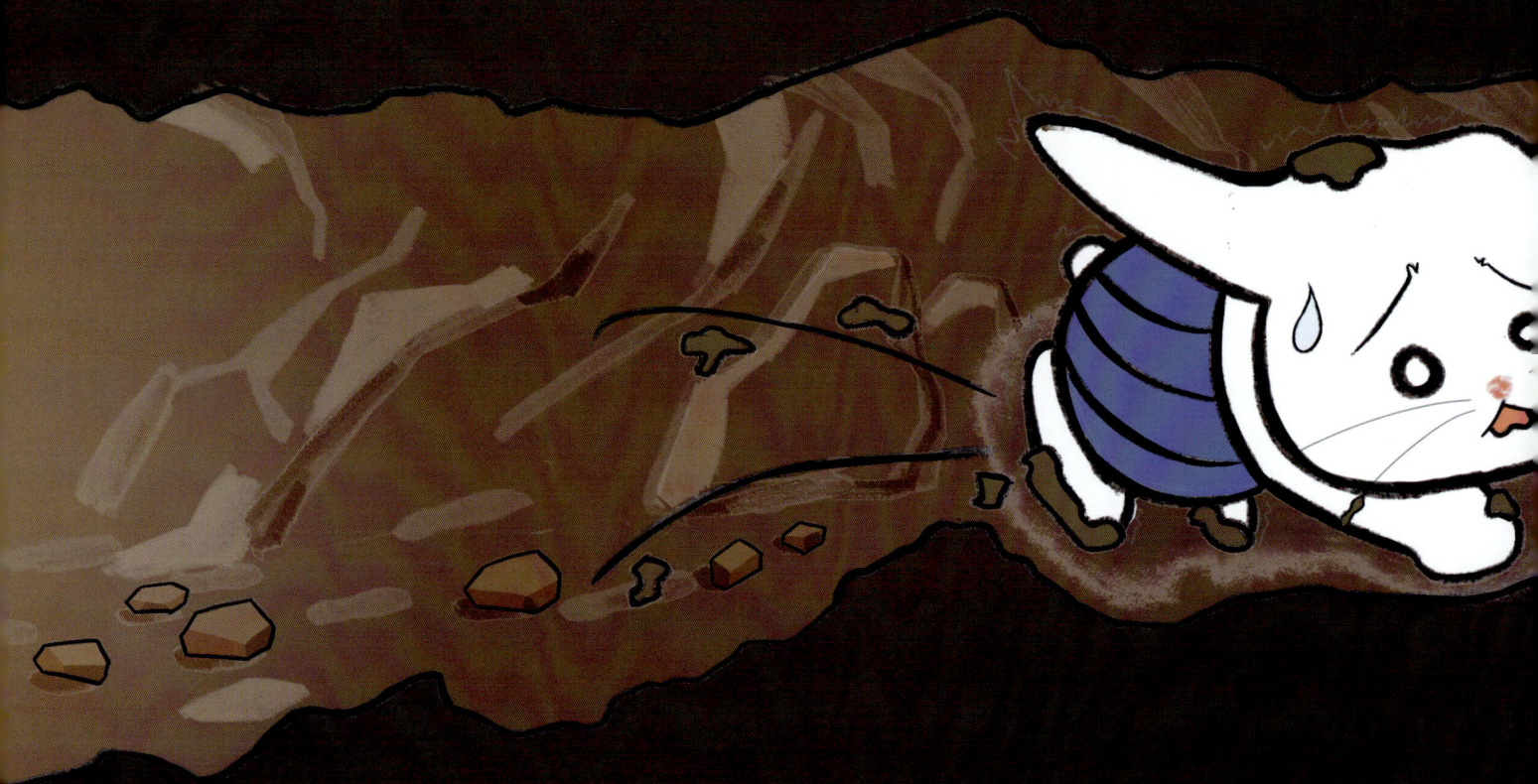

才发现……

啊，是一条凶猛的大蛇！
幸好他也在睡觉，快逃呀！！！

"大家怎么都在睡觉？我该向谁问毛毛的下落呢！"嘟嘟急得又快哭了。

"因为现在是冬天呀，他们都在冬眠呢。"神秘的声音又出现了。

"那冬天什么时候过去？"嘟嘟问道。

　　"冬天不会过去了。"那声音接着说："四季的变化就靠太阳的功劳，太阳直射到哪边，哪边就是夏天，现在太阳没有了，以后永远是冬天啦。"

　　"永远是冬天？不行！绝对不行！我不要永远冬天，我要太阳！我要太阳！"嘟嘟伤心地哭道。"还有，你到底是谁？你怎么知道这么多关于太阳的事情？"嘟嘟大喊道。

150000000公里

"我就是太阳呀。"那声音说道。

什么？原来他就是太阳。

嘟嘟立刻不哭了，冲着天空大声喊："太阳太阳，你在哪儿？我来找你，我们一起去找毛毛好不好？"

"哈哈，你来找我？我离地球有一亿五千万公里远呢！"太阳笑着说。

"一亿五千万公里？那要走多久？十天？十个月？十年？"嘟嘟一点概念也没有。

"好啦，我已经帮你找到姐姐了，快醒醒吧！"太阳大声说。

"嘟嘟，嘟嘟！"一个熟悉的声音传来："我就知道你肯定在偷懒！"

好像是毛毛！嘟嘟迷迷糊糊睁开眼睛，果然是毛毛！

"毛毛！太阳果然找到你了！我要和太阳交朋友！"
嘟嘟可开心了！

"和太阳交朋友？"毛毛又好气又好笑地说："你被
太阳晒糊涂了吧，你知道太阳有多大吗？"

"妈妈告诉我，太阳大约有 130 万个地球那么大！如果太阳是 1 个大西瓜，那地球就像小米粒那么小。"毛毛说道："再说太阳那么热，别说和太阳交朋友了，哪怕只是离太阳近一点，你遭殃的可就不只是屁股了……"兔妈妈以前讲的有关太阳的知识终于派上了用场，毛毛一脸得意地教导弟弟。

屁股？

嘟嘟摸了摸自己的屁股，火辣辣地疼。

"啊啊啊！我的屁股着火了！呜呜呜……"

嘟嘟不禁又哭了起来……

原来嘟嘟刚刚偷懒时，只顾把脑袋钻到萝卜缨下，

屁股却留在外面晒太阳呢……

这就是嘟嘟偷懒受到的惩罚——

现在，嘟嘟有一个

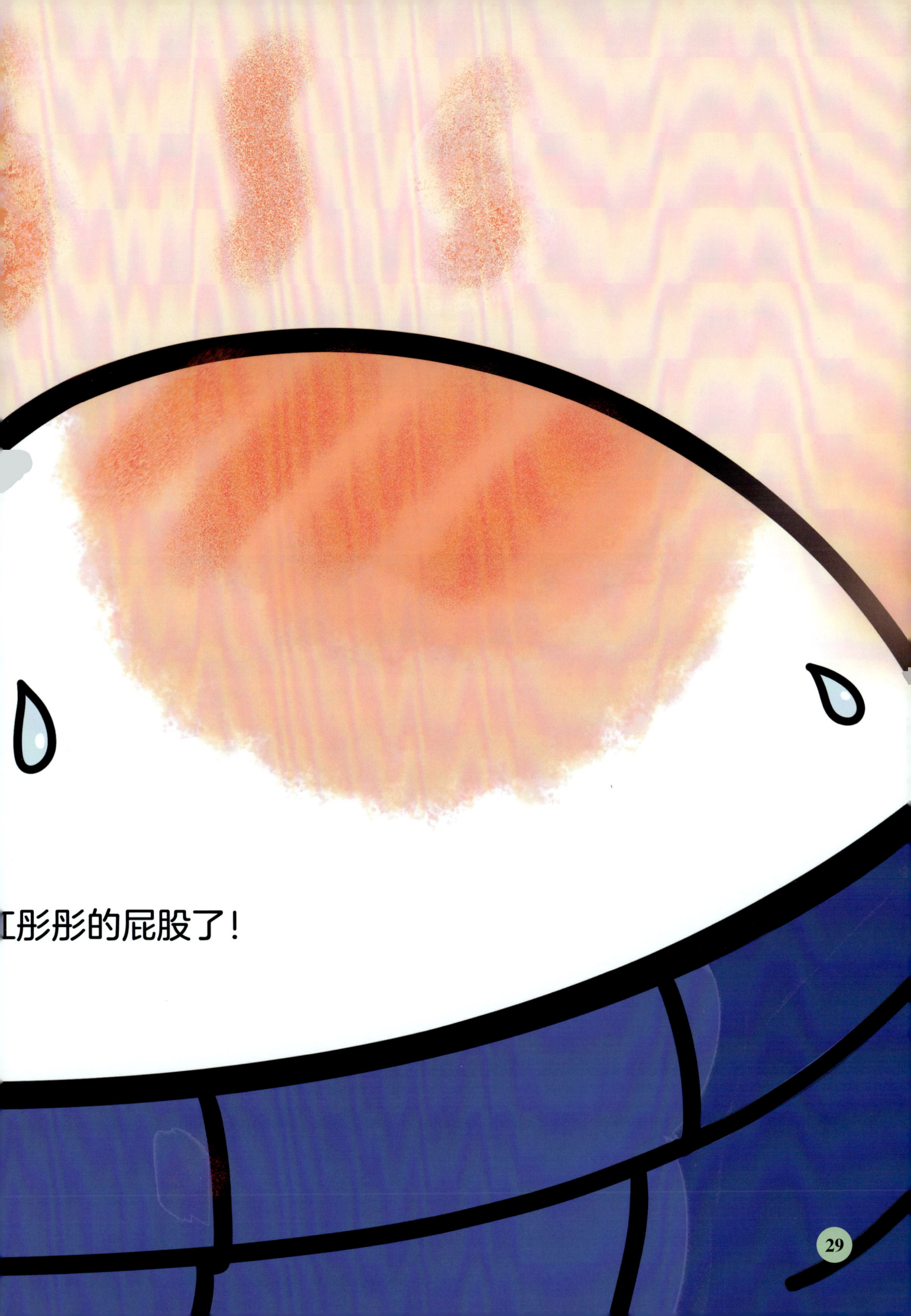

红彤彤的屁股了！

29

? 小朋友，假如有一天太阳真的消失了，你觉得世界会变成什么样子呢？

看见星星

俏皮兔追月亮

张文杰 / 著

张子谦　黄沐晨 / 绘

2

上海交通大学出版社
SHANGHAI JIAO TONG UNIVERSITY PRESS

内容提要

　　本套丛书是面向幼儿的天文学科普系列读物，包括三个绘本：《假如没有太阳》《俏皮兔追月亮》《地球与大力怪》。丛书通过构设两只小兔奇思怪想、猎奇探险、增长知识、成长进步的有趣故事，介绍了天文学基本常识和简单概念。内容紧贴低幼段孩子的理解能力和认知水平。语言浅显易懂，画面色彩鲜艳，图意趣味盎然，这些设计可使小读者和家长在阅览时产生共鸣，并在潜移默化中学习，从而激发孩子对宇宙天文的兴趣。

图书在版编目（CIP）数据

俏皮兔追月亮 / 张文杰著. —上海：上海交通大学出版社，2025.5. —〔看见星星〕. — ISBN 978-7 –313–32238–8

Ⅰ. P184–49

中国国家版本馆CIP数据核字第20255JH099号

看见星星：俏皮兔追月亮
KANJIAN XINGXING: QIAOPITU ZHUI YUELIANG

著　　者：张文杰	绘　　画：张子谦　黄沐晨
出版发行：上海交通大学出版社	地　　址：上海市番禺路951号
邮政编码：200030	电　　话：021-64071208
印　　制：上海锦佳印刷有限公司	经　　销：全国新华书店
开　　本：890mm×1240mm　1/16	总 印 张：6.75
总 字 数：72千字	
版　　次：2025年5月第1版	印　　次：2025年5月第1次印刷
书　　号：ISBN 978-7-313-32238-8	音像书号：ISBN 978-7-88941-704-4
定　　价：129.00元	

前　言

为孩子打开通往宇宙奥秘的大门 ★

在浩瀚无垠的宇宙中，每一颗星辰都承载着丰富的故事与奥秘，而人类对宇宙的探索，自古以来便是智慧与梦想的交织。我创作这套《看见星星》系列绘本，就是想以独特的创意、生动的情节和丰富的知识，为孩子们打开一扇通往宇宙奥秘的大门。

这套绘本以 3 至 6 岁的幼儿为主要读者群体，精心设计了三个引人入胜的故事：《假如没有太阳》《俏皮兔追月亮》《地球与大力怪》，这些故事围绕两只活泼可爱的小兔展开。两只小兔带着对世界的好奇与探索的热情，踏上了一段段奇妙的旅程。通过这些故事，孩子们不仅能够了解到太阳、月亮和地球这三个最应该知道的天体的基本知识，初识宇宙天文，还能在潜移默化中学习到天文学的基本常识和简单概念。

这套绘本以孩子们易于理解和接受的语言方式，将复杂的天文知识转化为一个个生动有趣的小故事。每一个情节都设计得巧妙而富有想象力，让孩子们在阅读的过程中，仿佛身临其境，与小兔们一同探险、一同成长。同时，书中色彩鲜艳的画面和生动有趣的图意，更是为孩子们带来了视觉上的盛宴，让他们在阅读中感受到无限的乐趣。

这套绘本适合幼儿教育机构作为科学教材，不仅可以助力幼儿科普教育，更能激发孩子们的好奇心和探索欲。它告诉我们，科学并不遥远，也不枯燥，它就在我们身边，以我们最熟悉、最

喜爱的方式存在着。幼儿教育机构还可利用这套绘本组织孩子们扮演角色、体验探险之旅，孩子们可以在或紧张兴奋或轻松愉快的氛围中，初步认识宇宙、了解天文。

这套绘本也极适合亲子启蒙阅读，可使家长与孩子在愉悦学习中增长知识，在交互问答中启迪兴趣，在共同阅读中增进亲情。

为使家长与孩子在阅读时切实融入故事，体味两只小兔的活泼可爱，感受探险的奇幻、科学的真谛，上海交通大学出版社特意组织表演专家和小朋友为本书配音，使书本故事与立体声音融汇成独特的阅读体验。

愿这套绘本能够成为孩子们成长道路上的良师益友，陪伴他们一起探索未知、追寻梦想。

《看见星星》，让孩子读懂星星，听懂太空，放眼宇宙。

张文杰

2025 年 1 月

角色介绍

这是小兔子毛毛，是嘟嘟的姐姐。毛毛性格沉稳，擅于思考，富有好奇心，喜欢带着嘟嘟探险。

这是小兔子嘟嘟，是毛毛的弟弟。嘟嘟天真淘气，爱幻想、爱提问，是毛毛姐姐的"跟屁虫"，不过有时也会背着毛毛偷懒。

这是一只年迈的海龟，他已经在这片大海里生活了不知道多少年，眉毛和胡子都花白了。

这是一头蓝鲸，生活在大海里，他的体型巨大，却有一颗"小小的"好奇心。每到晚上，他就会到海面上观察月亮的变化。

海鸟阿姨的性格友善又可靠。她总是翱翔在天空，自由自在地在云层间穿梭是她最大的乐趣。

不知道从哪个沙洞里跑出来的小螃蟹。白天藏在沙洞里睡大觉，晚上就钻出来在沙滩上捡珍珠玩。

都说月亮上有只兔子，

他也长着长耳朵短尾巴吗？

月亮圆的时候看起来有太阳那么大，

为什么月夜还是没有白天亮？

月亮有时像一条弯弯的小船，

是天上的兔子在划着小船闲逛吗？

再也没有比毛毛和嘟嘟好奇心更强的兔子了，

他们居然想到月亮上去，

看看是谁施魔法，

让月亮圆了又缺缺了又圆……

传说月亮上有只兔子，名叫"玉兔"。

月亮上的兔子长什么样？

也有长长的耳朵和短短的尾巴，也爱吃胡萝卜吗？

"不如我们去月亮上看看吧！"毛毛突发奇想道。"好呀好呀！"嘟嘟立即响应。

说走就走！

毛毛找来几块木板做船身，嘟嘟找来一片叶子当船帆。

准备好了，出发！

5

小船越漂越远，四周越来越暗。

"为什么月亮和太阳看起来一样大，却不能把黑夜照成白天？"嘟嘟问道。

"爸爸告诉我，那是因为月亮自己不会发光，它的光是从太阳那儿借来的呢。"毛毛用从兔爸爸那儿听来的知识回答弟弟的问题。

突然，一阵风吹来，把"船帆"吹跑了！
没办法，那就自己划吧。
两只小兔并未打消到月亮上找玉兔的念头。

不知过了多久，两只小兔一抬头，发现月亮到头顶了。

"难道月亮也在动？"

"喂，月亮月亮，你别跑呀！"嘟嘟冲着天空大喊。

"月亮可比你们跑得快多啦。"一只年迈的海龟浮出水面："月亮是地球的卫星，一直绕着地球转圈圈，一个月绕地球转一圈。你们是追不上的，别白费力气啦！"

原来是这样，两只小兔有些失落。

不过，他们还不想放弃："可是月亮上有我们的同伴，我们一定要到月亮上去！"

划呀划，这里的海浪好大啊！

突然，巨大的海浪打翻了小船，两只小兔掉进了海里。

"啊！救命呐！救命呐！！！"两只小兔大声哭喊。

"你们不是这海里的动物吧？我从来没见过你们。"
一头路过的蓝鲸救了两只小兔。

"谢谢你救了我们！"毛毛感激地说道："我们是森林里的兔子，想去月亮上找同伴，不小心船被海浪打翻了。"

"月亮上有你们的兔子同伴？"

蓝鲸想了想说道："我每晚都在海面上'晒月亮'。我发现每个月的初一，月亮会消失，接下来的几天它就像弯弯的小船。到了十五，月亮又圆又亮，可在初七、初八时，它才只有一半呢！"

"是不是你们的同伴对月亮施了什么魔法？"蓝鲸想知道月亮为什么会变化。

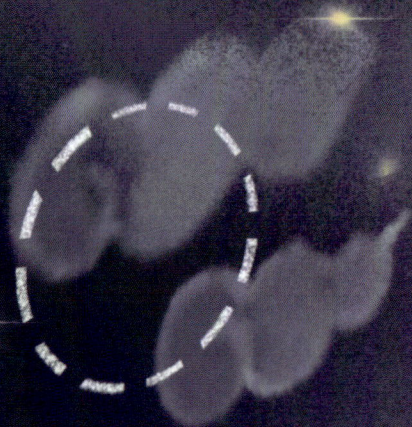

"好吧，等我们到了月亮上，一定会帮你问问玉兔的！"

嘟嘟一口答应下来："不过，我们现在没有小船了……"

"这个不难，我送你们去吧！"蓝鲸高兴地说。

于是，蓝鲸载着两只小兔，愉快地向月亮进发了……

可此时，月亮已经在
悄悄下落……

"醒醒，快醒醒！"不知过了多久，蓝鲸叫醒早已熟睡的小兔们，"天边已经开始泛白了……"

啊！月亮要走了！这下小兔子急了。

"你们是森林里的兔子吧，怎么跑到海上来啦？"这时一只盘旋在上空的海鸟冲两只小兔喊道。

"我们是来追月亮的，要到月亮上去找玉兔！"毛毛着急地说道："海鸟阿姨，你飞得又高又快，能不能带我们到月亮上去呀？"

21

两只小兔不情愿地搭上了海鸟阿姨的"航班"。

小兔们从来没体验过在空中飞行的感觉，穿梭在清晨的风中，所有的不开心很快就被吹散了。

没多久，他们降落在岸边。

"咦？沙滩什么时候变这么大了？"

嘟嘟有些疑惑。

"那是因为月亮的引力每天都拉动海水，让它涨起来又退下去。"一只正在捡珍珠玩的小螃蟹说道。

"难道是玉兔指挥月亮这么做的？"毛毛还是不相信月亮上没有兔子。

"哈哈哈！月亮上哪来的兔子！"小螃蟹笑道："我面前倒是有两只俏皮可爱的兔子！"

看来……

月亮上真的没有兔子。

不过……

"将来我们一定能到月亮上去！"毛毛想象着在月亮上快乐玩耍的情景，信心十足地说道。

嘟嘟一乐："哈哈！那样，月亮上就会有小兔子啦！"

小朋友，如果有一天你能到月亮上去，你想做些什么呢？

看见星星

地球与大力怪

张文杰 / 著

张子谦　黄沐晨 / 绘

3

上海交通大学出版社
SHANGHAI JIAO TONG UNIVERSITY PRESS

内容提要

　　本套丛书是面向幼儿的天文学科普系列读物，包括三个绘本：《假如没有太阳》《俏皮兔追月亮》《地球与大力怪》。丛书通过构设两只小兔奇思怪想、猎奇探险、增长知识、成长进步的有趣故事，介绍了天文学基本常识和简单概念。内容紧贴低幼段孩子的理解能力和认知水平。语言浅显易懂，画面色彩鲜艳，图意趣味盎然，这些设计可使小读者和家长在阅览时产生共鸣，并在潜移默化中学习，从而激发孩子对宇宙天文的兴趣。

图书在版编目（CIP）数据

地球与大力怪 / 张文杰著. — 上海：上海交通大
学出版社，2025.5. —（看见星星）. — ISBN 978-7
-313-32238-8

Ⅰ. P183-49

中国国家版本馆CIP数据核字第2025KG9190号

看见星星：地球与大力怪
KANJIAN XINGXING: DIQIU YU DALIGUAI

著　　者：张文杰		绘　　画：张子谦　黄沐晨	
出版发行：上海交通大学出版社		地　　址：上海市番禺路951号	
邮政编码：200030		电　　话：021-64071208	
印　　制：上海锦佳印刷有限公司		经　　销：全国新华书店	
开　　本：890mm × 1240mm　1/16		总 印 张：6.75	
总 字 数：72千字			
版　　次：2025年5月第1版		印　　次：2025年5月第1次印刷	
书　　号：ISBN 978-7-313-32238-8		音像书号：ISBN 978-7-88941-704-4	
定　　价：129.00元			

告读者：如发现本书有印装质量问题请与印刷厂质量科联系

联系电话：021-56401314

前　言

为
孩
子
打
开
通
往
宇
宙
奥
秘
的
大
门
★

在浩瀚无垠的宇宙中，每一颗星辰都承载着丰富的故事与奥秘，而人类对宇宙的探索，自古以来便是智慧与梦想的交织。我创作这套《看见星星》系列绘本，就是想以独特的创意、生动的情节和丰富的知识，为孩子们打开一扇通往宇宙奥秘的大门。

这套绘本以 3 至 6 岁的幼儿为主要读者群体，精心设计了三个引人入胜的故事：《假如没有太阳》《俏皮兔追月亮》《地球与大力怪》，这些故事围绕两只活泼可爱的小兔展开。两只小兔带着对世界的好奇与探索的热情，踏上了一段段奇妙的旅程。通过这些故事，孩子们不仅能够了解到太阳、月亮和地球这三个最应该知道的天体的基本知识，初识宇宙天文，还能在潜移默化中学习到天文学的基本常识和简单概念。

这套绘本以孩子们易于理解和接受的语言方式，将复杂的天文知识转化为一个个生动有趣的小故事。每一个情节都设计得巧妙而富有想象力，让孩子们在阅读的过程中，仿佛身临其境，与小兔们一同探险、一同成长。同时，书中色彩鲜艳的画面和生动有趣的图意，更是为孩子们带来了视觉上的盛宴，让他们在阅读中感受到无限的乐趣。

这套绘本适合幼儿教育机构作为科学教材，不仅可以助力幼儿科普教育，更能激发孩子们的好奇心和探索欲。它告诉我们，科学并不遥远，也不枯燥，它就在我们身边，以我们最熟悉、最

喜爱的方式存在着。幼儿教育机构还可利用这套绘本组织孩子们扮演角色、体验探险之旅，孩子们可以在或紧张兴奋或轻松愉快的氛围中，初步认识宇宙、了解天文。

这套绘本也极适合亲子启蒙阅读，可使家长与孩子在愉悦学习中增长知识，在交互问答中启迪兴趣，在共同阅读中增进亲情。

为使家长与孩子在阅读时切实融入故事，体味两只小兔的活泼可爱，感受探险的奇幻、科学的真谛，上海交通大学出版社特意组织表演专家和小朋友为本书配音，使书本故事与立体声音融汇成独特的阅读体验。

愿这套绘本能够成为孩子们成长道路上的良师益友，陪伴他们一起探索未知、追寻梦想。

《看见星星》，让孩子读懂星星，听懂太空，放眼宇宙。

张文杰

2025 年 1 月

角色介绍

这是小兔子毛毛，是嘟嘟的姐姐。

毛毛性格沉稳，擅于思考，富有好奇心，喜欢带着嘟嘟探险。

这是小兔子嘟嘟，是毛毛的弟弟。

嘟嘟天真淘气，爱幻想、爱提问，是毛毛姐姐的"跟屁虫"，不过有时也会背着毛毛偷懒。

小鼹鼠咚咚总是在不停挖洞，他在地底下挖出了好大的迷宫。平时，小鼹鼠咚咚就躲在地下迷宫里谁也找不到他。

这是一条小鲤鱼，他热情活泼，每天都自由自在地穿梭在小溪与河流中。小鲤鱼一直有一个梦想，那就是去大海看看。

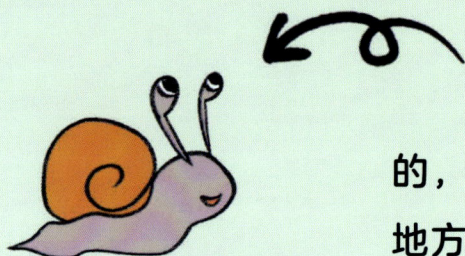

一只不知名的小蜗牛，别看他小小的，走路又慢悠悠的，可是他去过好多地方，认识好多动物呢。

这是山羊伯伯。山羊伯伯年纪大了，他的阅历可丰富了，上知天文，下知地理，地球上好像就没有他不知道的事。如果你有不明白的问题，找他准没错。

小兔子家门口被砸了一个大坑，

谁干的？

小鼹鼠天天在挖洞，

他会不会把地球挖穿？

一双大手一对翅膀一条鱼尾巴，

大力怪是长这样吗？

再也没有比山羊伯伯学问更大的了，

他告诉小兔子，

地球、太阳、月亮都是星星，

大力怪其实……

一天早晨，"轰隆"一声巨响惊醒了
两只小兔的美梦。

"呀！谁在院子里
挖了个大坑！"嘟嘟趴
在窗边大喊道。

两只小兔赶忙跑到屋外，想抓住搞破坏的坏蛋。
可此时院子里静悄悄的，一点坏蛋的踪影都没有。
突然，毛毛在坑里发现了一块怪石头。

"这是哪个捣蛋鬼扔的？"嘟嘟说道。能砸出这么大一个坑，它一定是一个力大无比的大力怪！两只小兔都这么认为。

出发！两只小兔决定去森林里，
找出制造大坑的那个淘气包！

刚走一会儿，两只小兔就遇到了他们的好朋友，正在挖地的小鼹鼠咚咚。
鼹鼠非常擅长挖洞，他们在地下建造自己的家，就像一个"大"迷宫！
"对了，大力怪可能藏到地下去了！"小兔们这样想。

"咚咚，咚咚，我们帮你一起挖，把地球挖个底朝天，一定能找到大力怪！"毛毛冲着忙碌的咚咚挥手说道。

"大力怪？没听说过。"小鼹鼠咚咚疑惑地摇摇头。

"不过，你们要把地球挖个底朝天？那怎么可能！"

"如果地球是栋摩天大楼，像你这么大的一只小兔子就像楼里的一粒灰尘。地球从里到外有三层：地核、地幔、地壳，它们都超厚，根本挖不穿。我们住在地壳上，地壳下还有滚烫的岩浆，挖到会很危险！"咚咚一边说，一边用手比划着。

"我们生活在地球最外层？"

两只小兔有点不相信小鼹鼠咚咚的话，他们的心思全在寻找大力怪上呢。

"好吧，谢谢你咚咚，我们到别处去找找。"

两只小兔一路搜寻……

一条小河挡住了去路，水流"哗啦啦"地响……

"哦，大力怪会不会藏在河里？"毛毛紧张地猜想。

"你们需要帮助吗？"一条小鲤鱼突然跃出水面，把两只小兔吓了一跳。

"我们在找大力怪。"毛毛和嘟嘟齐声说。

"大力怪？没听说过。"小鲤鱼疑惑地摇摇头。

"长什么样子呀？"

是呀，大力怪到底长啥样？

"它肯定有一双大手，才能砸出大坑！"毛毛说。

"它也许会游泳，应该有条尾巴！"嘟嘟补充道。

"说不定还会飞……"两只小兔你一言我一语，把想象中大力怪的模样画了出来。

"哈哈，这是什么奇怪的东西呀！"小鲤鱼说道："不过，我正要去大海看看，听说那里有很多神奇的动物呢！"

"大海有多大？有我们森林大吗？"嘟嘟问道。

"当然了！地球上大部分是海洋，陆地还没有海洋的一半大呢！"小鲤鱼兴奋地说道："等我到了大海，会帮你们留意大力怪的。"

两只小兔告别小鲤鱼，继续踏上寻找大力怪的旅程……

两只小兔找了一整天，没半点线索，他们累得坐在石头旁喘气。嘟嘟气鼓鼓地说："讨厌的大力怪到底在哪里，怎么就找不到呢？"

"你们为什么叹气呀？"一只小蜗牛缓缓地爬到他们跟前。

"唉，我们在找大力怪，可是怎么也找不到。"毛毛答道。

"大力怪？没听说过。"小蜗牛疑惑地摇摇头。

小蜗牛转了转眼球说："我虽然走得慢，但从不停歇。我走过好多地方，结交了好多伙伴。你们的问题可以去问西边的山羊老伯，他什么都知道！"小蜗牛建议。

"诶！是个好主意！可西边是哪边？"

小蜗牛看出两只小兔有些迷茫，赶忙说：

"地球一直在自西向东地自己转圈圈，转一圈就是一天。于是，我们就看到太阳每天从东边升起，西边落下。现在太阳要下山了，你们知道走哪边了吧。"

"原来是这样！"两只小兔谢过小蜗牛继续出发了。

山羊老伯正在大树下乘凉。

"山羊伯伯，大力怪在我家院子里扔了这块石头，砸出好大一个坑，你能帮我们找到它吗？"毛毛说道。

山羊老伯看了看毛毛手里的石头，哈哈大笑道："你们要找的大力怪在天上呢！"

天上？两只小兔抬头看去，"天上除了太阳，什么也没有呀！"

山羊老伯说："现在是白天，你们当然看不见，但是一到夜晚，你们就能看到满天星星。其实呀，太阳、月亮，还有我们脚下的地球，都是星星。你们知道吗，有的星星跑得飞快，一不小心就会撞到别的星星，会产生很多小碎片。"

25

"这些小碎片在空中飞舞，有时候，小碎片会朝着地球冲过来哦。"

"当小碎片冲进大气层时，和空气摩擦燃烧发光，就像夜空中绽放的烟花，这就是我们偶尔能看到的流星。小的流星直接烧掉消失了，而大的流星燃烧后变成小石头，我们叫它陨石，陨石砸到地上就出现了大大的坑。"

山羊老伯果然见多识广。

"什么？原来大力怪是陨石，还是发过光的流星！"两只小兔恍然大悟。

"那会不会有很多陨石掉下来，我们的院子不是要被砸出好多坑了吗？"毛毛着急地问道。

"别担心，陨石很少会砸到地上，因为地球外面有厚厚的大气层在保护着我们呢。"山羊老伯补充道。"今天晚上就会有流星，有人说看见流星能交好运，你们别忘了许愿哦。"

"太好啦！姐姐，我们今天晚上就去看流星，你想许什么愿呢？"嘟嘟兴奋地对毛毛说。

"我要天上下一场胡萝卜雨！"毛毛说道。

　　"嗯……那我要……每天都有流星砸到我们的院子里！嘿嘿，这样我就能有许不完的愿望喽！"嘟嘟边说边拍手跳起来。

"笨蛋嘟嘟！那样的话，院子里都是大坑，咱们怎么种萝卜呀！"

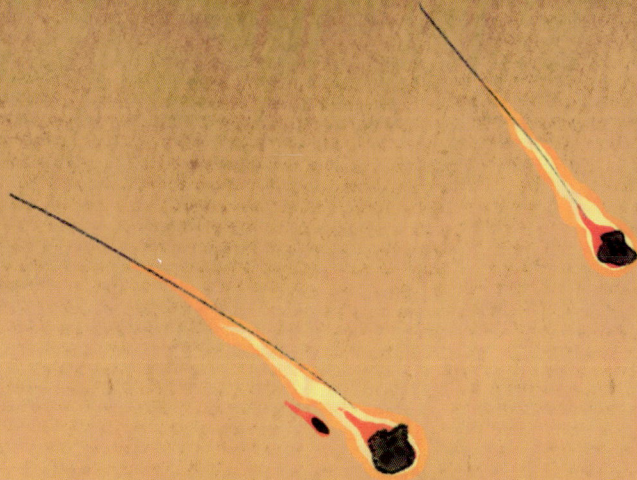

小朋友，倘若有一天地球上空有流星划过，你最想许下什么愿望呢？